宇宙藍圖

李少志—著

目錄

宇宙藍圖：前言

前言

宇宙—這個讓我們既熟悉又陌生的名字，熟悉的是我們己知的宇宙由太陽系、星系、星系團組成，並且不斷在膨脹而彼此遠離。萬物皆由引力牽引有序的聚合而成。陌生的是這宇宙到底有多大？什麼時候開始？什麼時候終結？又是否真如人們所說，宇宙是大爆炸開始？引力是主宰萬物的主因嗎？

人類的文明，除了是他天賦的智慧，還有的是他的好奇心和創造力。有了好奇心，能推動我們不斷的探索，不斷的發現新的事物，有了創造力，能讓我們掌握了宇宙的秘密，開發新的科技，創造條件，超越現在，跨向未來。

宇宙藍圖

人類的文明，有賴於發現、創造、傳承。基於這些元素，人類的文明才能得以進步，基於這些元素，才有了這本書，是得力於前人的啟蒙，才有了今天的發現。

宇宙的奧秘，廣袤而無垠，只要我們秉持一貫的好奇心，日積月累，終有一天，人類的文明就像宇宙一般，永固長存。

這本書的內容，簡單而扼要地闡述宇宙的奧秘，同時糾正了一些人們對於了解宇宙的誤區。

只要你花很少的時間（或許花很多的時間），你就能夠了解到關於宇宙的開始，宇宙最終結果，你也會知道宇宙有多大，有限，無限的概念。

你還會知道，光的特性，時間的概念，現在和過去的關係，甚至宇宙最大的力是什麼？原來促使宇宙向來變得井然有序的，不是引力，引力並不存在。宇宙大爆炸也從未發生，物體的運動不是走直線的，而是以曲線運動，而且物體可以在同時間內從不同的方向運動，或靜止不動等等……

至今為止，和過去 100 年前的宇宙比較，確實人類的科技進步了不少，我們對於宇宙的了解也確實增加了不少，這是我們人類的進步，而不是宇宙的進步，字宙，從今到過去的上億萬年，從末改變，改變的是我們。宇宙的智慧也一直存在，一直等待我們去發現，去挖掘。

在這裡，我們要探討的，不是宇宙的所有，而是探討一個相對完整的宇宙的輪廓，要更深入的窺探宇宙，實在有賴於我們每一個人，每一分力，用我們短暫的生命，去了解、去追求、探索這個多彩、神秘而又充滿挑戰的宇宙的奧秘了。

說到這裡，如果你已經擁有了充分的心理準備，這樣，就讓我們開始吧！

宇宙藍圖
第一章：光

第一章：光

（1）光的傳播方式

光是宇宙中速度最快的物質，光是以波傳播，而不是以光粒子傳播。

每當夜幕降臨，我們抬頭仰望天空，萬里外可見到點點星光，除此以外，只見漆黑一片。

只有等到月亮的出現，我們才察覺到光的存在。那麼為什麼既然是光，而我們卻看不見光呢？

我們知道，之所以看見了光，是月亮反射了太陽的光芒，讓我們看見了光，可是月亮的周圍為什麼就是漆黑一片呢？答案是因為光正在遠離我們，而且是以波的形式以每秒約三十萬公里傳播。假設光是以粒子傳播，那它必然是透明而且帶亮光在夜空飛翔。透明是因為它的確在夜空中存

在，而我們卻又能夠穿越它從而看得見萬里以外的星星，這點在我們的認知裏面，是相矛盾的，既是光子，那光子必然帶光，那帶光的光子在夜空中傳播，必造成光害處處，夜空也變成了白晝，而我們也不能相信光子的一半是帶光，而面向我們的另一半是透明的吧？那我們也不能相信光子是帶光但是由於它正以光速遠離我們，因此我們看不見光。那這樣又不能解釋大量的光子正遠離我們奔向星空而不對我們造成任何的視障。光正在遠離我們，所以我們看不見光，這點勉強說得過去，但是正迎面而來的星光為何又不被帶光的光子阻擋而湮滅掉呢？

因此，光只能是以波的方式傳播而不能以粒子的形態傳播。

（2）光以直線傳播

光在真空的環境在沒有物體阻礙之下，會以直線運行，直至衰減殆盡，在宇宙當中，只有光是走直線（光和其他波，如無線電波是一樣的）不受任何力影響，這是其中一種與其他物質不相同的地方之一。

其次，光是沒有質量的，現在我們所知，光被大質量的星體吸引會影響它的軌跡，或被大質量的星體吸引（如黑洞）會逃脫不了，消失在夜空中。然而，真相又是不是這樣呢？光明明是沒有質量的，又為何受引力影響呢?

（3）速度不變的光

光除了只走直線、沒有質量以外，與自然界有所不同的地方還有——無論光源在發出光線之前，它的運行速度為何，光線在發射以後速度是不變的。

假設光源由 A－B 方向以光速的 50% 運行，同時把光由 A－B，C－D 的方向啟動，兩者的光速也會相等，即光線由 A－B,C－D 的方向啟動，即表示光線由 A－B 傳播 C－D 傳播的速度是相等，以每秒約三十萬公里運行。換角度看，無論光源的速度是何等，在光源的任何方向發出光波，光也只會以相同的速度以直線運行。

(圖 1.)

與帶有質量的物體相反，帶有質量的物體在運行過程中，視乎它的速度而定，在物體的本身發出的物質，速度會受到影響，例如物體以時速 100 公里由 A ─ B 運行，其間向 C ─ D 方向以時速 50 公里的速度發出物體，這物體由 A ─ B 運行則只有 50 公里每小時。

(圖 2.)

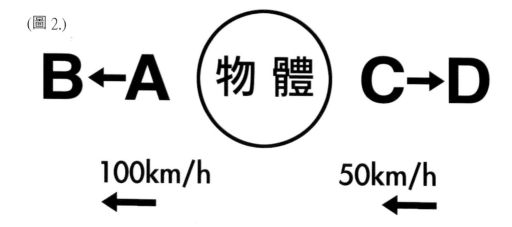

由於光沒有質量，因此無論它的光源以何等速度向任何方向發出，光也是走直線的，而且速度不變，正由於它沒有質量，所以光源無論以任何方向、任何速度發射光波，光源也永遠不能為光加、減速度，因此，光速永遠不變。

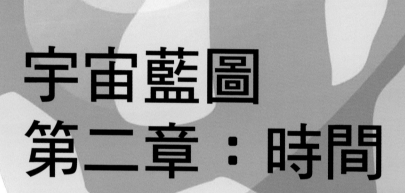

宇宙藍圖
第二章：時間

第二章：時間

（1）時間的定義

時間是主觀的，時間是客觀的，時間是虛無的，同時也是實在的。

每個人，由出生開始，到生命的終結，由左至右，從南到北，吃飯、娛樂，一切一切都與時間這概念息息相關。

（2）主觀的時間

在我們的世界，一天 24 小時，一年 365 天。環繞太陽公轉一週也是 365 天。這概念，放在我們地球是這樣，若放在太陽系內其它行星身上，概念又大不相同了。遠的不說，就以我們地球內為例，由於地球每天自轉關係，不同時區也有著不同的時間，以時差為例，大概是當我們身處的地方是白天，那麼地球的另一面，就是晚上了，因此，在我們這一刻，身處的時區，就是現在的時間，這層面上，是主觀的。

（3）客觀的時間

當一名運動員以 10 秒跑畢 100 米，有些人認為是很快，有些人認為慢，在個人而言，也是主觀的，在眾人的角度去考量，當然是慢了，至於到底是快或慢，主要相對於觀察者本身，那表示相同的結果，相對於不同人的觀念上也會產生快、慢之分，這些差異主要是相對於不同的人而產生不同的結果。

（4）虛無的時間

在宇宙中，時間是虛無的，有時候是實在的。我們要去測量一個星球的年齡，用了很多不同的方法，最終也只能說出個大概，又或者錯得很離譜，真實的年齡誰也說不準，而且每個人的計算方法也不同，以我們地球的時間概念去計算，一天是 24 小時，水星、金星、火星、木星、甚至其他星系的時間觀念去計算，同樣的，誰也說不准。

如果，我們的太陽系內，所有的行星也有人類居住，那麼要準確的計算出星球的年齡，就更難了，各有各的尺度。那麼你說把時間統一了再算就可以了，不然，那對於太陽系以外的文明呢？他們的時間概念也不盡相同，難不成也把全宇宙的時間也統一了？這當中的時間概念是虛無的，因為，誰也說不准。

（5）實在的時間

可是，時間又是實在的，我們的一生平均有 80 年，一年有 365 天，一天有 24 小時，一小時有 60 分鐘，一分鐘有 60 秒。

縱觀以上種種，要准確的拿捏時間，主要在於相對的測量者，因此，時間在宇宙當中大範圍內，沒有絕對的概念。

（6）時間穿越

我們經常聽到，只要超越一些速度或者穿越一些特別的通道，便可以回到過去，超越時空能到達未來，在這裏我不多花時間去探討那可行性了。我只知道如果可以憑藉一些特定的方法可以穿越時空任意回到過去、現在、未來，那麼可以說宇宙中但凡一出現生命就必然有了未來的文明，那麼現在的你和我也不可能坐得那麼安穩，因為我們必然看見未來的人對這個世界進行無情的殺戮，互相殘殺，毀滅一切。因為，只要當有殺戮開始，就停不下來了，就像原子彈爆發，不可收拾，因為是人性，為了生存和保護至親，當我們被未來的文明摧毀，那麼總會有人跑到毀滅者的前面（過去）毀掉他，這樣就會產生一個無止境的循環，直至生物滅絕。

另一種情況，是我們根本不用擔心能源枯竭或因為太陽的老去而必須找尋新的安身之所，因為我們可以回到過去太陽最年輕，我們的星球最怡人的生活模式當中，無憂無慮。然而，這些永遠也不會成為現實。

（7）時空箭矢

你能相信，過去的我可以傷害現在的我嗎？辦法是從月球向地球一個特定目標發射一支箭，預計三天後抵達目標，在我發出箭後，早於三天前回到地球並停留在目標上，這時候箭仍在旅途中，我看見那支在我三天前發射的箭正快速的向我飛來並且不偏不倚的射中了我的右臂。這結果是——過去的我射傷了現在的我。也許，讚成和反對這觀點的人各佔一半吧！

事實上這支箭就是我三天前發射的箭，然後到了現在卻擊中了自己。或者這麼說，換個角度吧！把射箭的人放在月球上做同樣的事情，把箭射向地球上的目標，然後這個人在返回地球的途中，不幸地被小行星撞上歸天去了，這時候箭仍在旅途中，三天後，在地球上有一名不那麼幸運的人被這支箭擊中而受傷，那麼這情況可以理解成被一個已故的人所傷，而且是那個人從過去傷害了未來的傷者，這樣就實現了我們可以由現在去到未來做出一些想做的事情來。看上去，好像是無械可擊，事實上毫無疑問，傷者是被一名在三天前已故的人所傷了。

每當夜幕降臨，我們抬頭望向天空，滿目繁星點點，星光閃閃，仿忽在向我們打聲招呼，說一聲問候，我們不禁感嘆，多美麗的星星啊!也回聲問候，可知你的安好!沒錯，向我們作出親切的問候的，大多數也是離我們很遠很遠的地方，我們看得見它的只是過去的光芒，也許它早就因能量耗盡，爆炸而不復存在了。

就上述兩種情況，首先說射箭論。沒錯，箭是過去的箭，但是如果我們在箭上裝設了一個時鐘，時間和現在地球一樣，然後發射，假設發射時間是三月三日上午十時，三天後，當箭擊中目標的時候，正好是三月六日上午十時，這時候，箭就不再是過去的箭了，而是現在的箭了，因為箭上的時間已經和地球同步了，這個時間的概念（時間同步），性質是屬於主觀的時間，這時候，再也不會有末來、現在之分了。箭是現在的箭，雖然是三天前由已故的、過去的人發射，最後中箭的人卻是被現在的箭所傷。

（8）箭和星光

箭和星光的概念相同，只要能做到把全宇宙的物體，時間上調到和地球的時間同步，那麼將來我們看見的星光就再也不是過去的星光了，而是現在的星光，只要你看一看星光上的時鐘，你就明白了。

那麼，我們會產生一個疑問，無論怎麼說，當我們看見星光的時候，並不代表那顆星星現在仍然安好存在呀，是的，傳統上，對於來自一百萬光年以外的星體，我們想知道它可安好，即使我們有光速的飛行器，至少也得花一百萬年時間才能夠得出真實的答案。但是，假如我們有一個飛行器能夠瞬間轉移到宇宙任何角落，當我們的時間和宇宙任何地方同步，那你會發現，當我們看見來自一百萬光年以外的星光的同時，啟動飛行器瞬間抵達該星球，你會發現，這正好是我們看見星光的時候了，地球、外來星體，這時候再也不會有一百萬年前的星光，一百萬光年以前的星球之分了，星光是現在的，一百萬光年外的星球也是現在的，就像那支傷人的箭一般，傷人的箭是現在的箭，而不是三天前的箭。是的，從箭上的時鐘就可以看得出，箭是現在的箭（三月三日發出，三月六日抵達），情形跟星光也一樣，現在我們看見的星光是現在的星光。這是時間在宏觀的宇宙中同步的結果。

那麼如果我們在一百年前就把宇宙中所有的星體時間上調到和地球同步，一百年後的現在，所看見的星光是現在的星光，百光年以外的星體也是現在的星體。

（9）人和星光

進一步說明，如果一個人從地球的另一面以步行的方式向我們走過來，假設他半年後到達，我們見面的一刻，這個人必然是現在的人，而不是過去的人。星光也一樣，那支傷人的箭也一樣，是現在的星光，現在的箭。

進一步說明，如果這個人從十歲開始就從地球的另一面向我走來，花了十年時間，我們終於見面了，這時候，這個人已經二十歲了，憑他的外表我們一眼就認出，而且心裡面非常明白，眼前的就是現在的人，而絕對不是過去的那個年輕小伙子。同樣道理，那為什麼當我們一眼看見星光，就馬上認定星光是過去的星光呢？

這是我們人類的一個誤區，首先，我們已測定目標星體與我們地球的相對距離，例如是一百萬光年，然後我們看見了該目標星球的光，由於我們已知目標星球距離我們是一百萬光年，我們心裡就認定這個光就是過去的一百萬年前目標星球發出的光，而不是現在的光，因為在光的本質上，我們只知由於是距離太遠而導致光的減弱，而在其他方面沒有明顯的變化，光仍是光。但人就不同，當我們看見那個二十歲的人的時候，不用多想就知道，眼前的人是現在的人，而不可能是過去十年前的小伙子，因為我們知道這個人在從他起步向我們走來的時候，有個過程，而

隨著時間的過去，這個人的年齡也漸長，身體外貌也隨之變化，例如長高了、胖了、瘦了、滄桑了，外貌明顯的變化，讓我們瞬間就認出現在的你，而不是過去十年前的你。

（10）時間 宇宙開始

從小到大，自從我們有認知以來，就有一個時間概念——開始、終結。從我們有認知開始，無論辦什麼事情，看電影、吃一頓飯、乘一躺車，林林總總，總有開始，總有終結。久而久之，我們對於很多事情就習慣性地，根深蒂固地認為萬事萬物總有一個開始，也總有一個終結，因此，人類也好奇地問：「宇宙到底從什麼時候開始，也在什麼時候終結」？要回答這個問題之前，我們必先要定位，你是想知道在生物出現之前宇宙就開始了，還是生物出現的同時，宇宙才開始的，而且什麼情況才算是開始，什麼情況才算是終結。

相信大多數人也會問，在人類或在生物出現之前，宇宙是什麼時候和以什麼形態開始的？

首先，我們確定的是，早於在人類出現之前，宇宙就存在了。這點是無庸置疑的。

宇宙——以人類自有認知的時間以當時的形態就開始了。那麼宇宙的終結時間呢？

（11）時間 宇宙終結

宇宙——終結於人類文明終結的時候。

那麼當人類的文明終結以後，宇宙仍然存在吧！是的，當我們的文明終結了，到下一波文明又崛起的時候，宇宙又開始了。換句話說，宇宙是沒有開始的時間，也沒有終結的時間。是的，事實就是如此。

那麼當新的人類文明再崛起，到時候很大程度上，人類的時間觀念會有所改變，一天不定是 24 小時，一年不定是 365 天了。必須根據當時的地球公轉和自轉的情況有多大分別，而依據當時的情況有所差異。

（12）宇宙開始

那麼怎樣理解宇宙的開始呢？以前段提及的概念，宇宙所有的物體時間上是以我們地球為藍本進行同步，我們現在的時間就是全宇宙的時間。那麼在過去的一萬年、十萬年、百萬年當中的任何時間，在任何的角落，宇宙向我們地球發出一條信息，上面寫著——嘿！孩子，我們開始吧！

那個時候，人類讀得懂這個信息的時候，宇宙就正式開始了，因為在這個信息給我們讀取的同時，這信息顯示的時間，正好是我們地球的時間，而不是一萬年、十萬年前的信息，因為信息在發送給我們的途中，時間不是靜止的，而是繼續和地球同步的運算當中，當我們人類接收到的當刻就是現在的時間。

前面說過，當我們人類文明終結後，宇宙仍然存在的，那它將會是永恆嗎？是的，在後面宇宙篇中會談到。

宇宙藍圖

第三章：
物體運動

第三章：物體運動

（１）不同視區不同結果

(圖 3.)

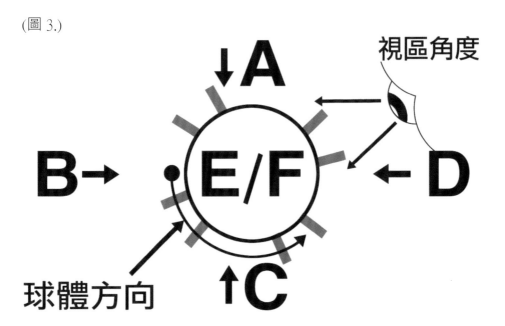

宇宙藍圖

觀測者 A：球體由右至左移動

B：球體由上至下移動

C：球體由左至右移動

D：球體由下至上移動

E/F：球體以逆時針/順時針方向移動

上述球體由正面看是逆時針，背面看是順時針，加上 A、B、C、D 不同方向觀察球的運動方向，得出的結果不同，但是他們每一個方向所觀察的結果也是正確的，沒有偏差，但是，我們知道球體的轉動方向只有一個，那為什麼他們六位觀測者當中都是正確的呢？那是由於球體的轉動方向是相對於觀測者而言，換句話說，球體正在以任何方向運動，至於它的轉動方向，最終是取決於觀測者的位置。不同的位置觀測結果則有所不同。

物體的運動，可以在同一時間從不同的方向運動，也可以在同一時間往前運動和往後運動。這取決於觀測者的位置和移動速度。

（2） 靜止/運動的人

一列火車正從 A 一 B 以時速 4 公里慢駛，同時火車上的人以時速 4 公里的速度從 C 一 D 步行。

(圖 4.)

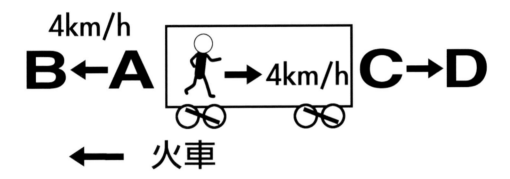

火車：以時速 4km 從 A 一 B 行駛

人：以時速 4 km 從 C 一 D 步行

火車乘客：人以時速 4 公里從我的前方向我的後方步行

地面的人：站著觀察火車上的人沒有移動

以上四種情況都是合理的，沒有絲毫差錯，那到底人是正在移動，還是靜止不動呢？站在火車上的乘客可以理解為人是在移動的。站在地面的人也可以理解為人是靜止不動的，因為他與我的距離和我總是保持一致。結論是物體的移動速度在同一時間內可以被理解為持續運動，也可以理解為靜止不動。

我們生活在地球上，當我們坐下來並與身邊所有物體保持一致，我們可以理解為靜止不動，但其實我們是隨著地球以每秒約三十公里的速度環繞太陽公轉，我們理解為持續運動。

（3） 雙向運動

在真空的環境裡，一名神槍手乘坐火箭以時速三萬公里飛馳，開槍射向十公里外的目標物時，可以百發百中，那是怎樣做到呢？那只要目標物的速度與神槍手的速度一致（同步），就可以了。情況就是神槍手和目標物處在同一個生活空間內，由於兩者速度保持一致，神槍手就可以用直線瞄準遠方目標，百發百中。這時候，子彈正以每小時三萬公里的速度向其中一個方向運動，同時從另一個方向往十公里外的目標物運動。

（4） 同時間內不同方向運動

如果一名槍手 A，以子彈的速度乘坐飛行器從西至東方向行駛，並且從南至北垂直的擊發子彈，同時間另一位槍手 B 從南至北以子彈的相等速度行駛，同時觀察子彈，你會發現槍手 A 擊發的子彈方向是從南至北，而槍手 B 所觀察的同一顆子彈是從西至東方向的。首先，槍手 A 乘坐的飛行器是從西至東方向行駛，而槍手 B 乘坐的飛行器是從南至北方向行駛的，而兩者的速度是與子彈的速度均等，那麼你會發現子彈在同一時間內是以兩個方向運動的，分別是從西至東，另一方向是南至北。那麼另一個問題是如果槍手 A 和槍手 B 分別在子彈的正前方都放置了一塊鐵板，而鐵板的移動速度與兩位槍手均保持一致，那麼子彈最終會擊中那一個方向的鐵板呢 ？答案是兩者均會擊中。

如果槍手 A 方向的鐵板比較槍手 B 方向的鐵板近，那麼槍手 A 的鐵板會先中彈，相反槍手 B 方向的鐵板較近，則槍手 B 的鐵板先中彈。

值得注意的是，兩個不同方向的子彈也是同一顆子彈，這是物體可以在同一時間內以不同的方向運動的其中一種現象。

(圖 5.)

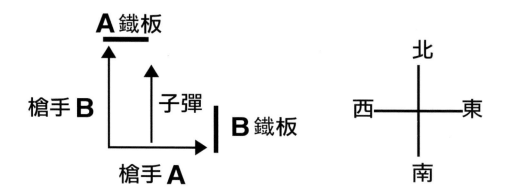

(圖 6.)

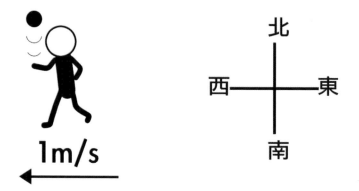

（5）曲線運動

（一）人以 1m/s 速度由東至西運動並把球體拋高。

　　　人：由東至西以 1m/s 速度運動

　　　球體：由東至西以 1m/s 速度運動，同時上下運動

　　　結果：這時候球體以 1m/s 由東至西同時上下運動

(圖 7.)

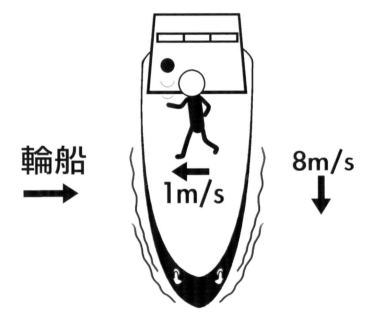

（二）人保持（一）的運動，並乘搭輪船由北至南以 8m/s 速度運動

人：保持（一）的運動同時以 8m/s 的速度由北至南運動

球體：保持（一）的運動同時以 8m/s 的速度由北至南運動

結果：人保持以 1m/s 由東至西運動同時以 8m/s 由北至南運動。球體保持以 1m/s 由東至西運動同時以 8m/s 由北至南運動並同時上下運動。

(圖 8.)

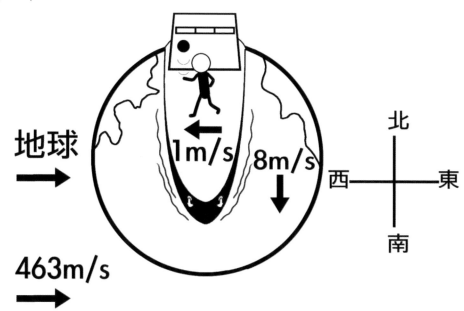

（三）結果：人與球體保持（一）、（二）、（三）的運動，即球體由東至西、北至南、西至東並上下方向同時運動。

若在（一）、（二）、（三）實驗時，人站立不動並且手握球體，則球體表現於人的視覺是靜止不動，於輪船的視覺由北至南運動，於地球的視覺是由西至東運動。

上述實驗可在太空中進行，按照（一）、（二）、（三）的方向加速（球體也可上下加速）結果是一樣，球體可同時由東至西、北至南、西至東、上下不受載體約束下自由運動。

根據以上理論證明，得出兩個結論：

1. 帶有質量的物體在同一時間內可以不同的方向運動或保持靜止不動。

2. 帶有質量的物體永遠不作直線運動。

（6）主觀的觀測者

上述兩個結論的必要條件是以觀測者作準，不同的觀測者會有不同的觀測結果，即表示相對的速度，相對的不同方向的結果，例如球握在站立不動的人手上可以被理解為靜止不動，站在陸地上的人觀測輪船上的人可以被理解為人和球體正在由北至南運動，在太空上，太空人觀測輪船，輪船被理解為由北至南、西至東運動，而人和球體站在船上，實際是由北至南、西至東運動，因此如果人站在輪船上由東至西運動並同時把球上下拋接，則得出結論是球在同一時間內同時上下、東至西、北至南、西至東運動。

同一件物體在同一時間內的運動可以被理解為上下、左右、東南西北、靜止的不同觀測結果，這完全取決於不同速度、方向、位置的不同觀測者的觀測結果。

（7）動靜之間

在道路旁停泊的車輛，生長在大地的樹幹，矗立在都市的高樓大廈，都是靜止不動的，但它們同時跟隨著地球自轉、公轉，伴隨著銀河系、超星系以不同的方向、速度運轉。

如果觀測者以任何速度與任何物體同步，可被視為相互間靜止不動，因此無論物體以任何速度運動，與觀測者保持相等速度，在沒有其他參照物的情況下，任何速度的物體則被視為靜止不動。這就是帶有質量的物體正在同時間以靜態、動態之間並存的原理。

宇宙——永恆靜止・永恆運動

宇宙藍圖

第四章：
引力

第四章：引力

（1） 地心吸引力

從微觀的世界，原子、中子、電子、夸克，到組合成肉眼可見的物質，最後形成星球、星系，我們知道是依靠"引力"造成的，引力的力量，超出人們想像，在很少的範圍以內，它幾乎是感覺不到，但是當它的力量集合壯大的時候，也足以左右宇宙的命運。

我們所知，每個星系在它的核心，總有一股神秘的力量存在，在無時無刻的團結著所有的物質，令它們集結起來，最後形成可見的宇宙。

然而，引力的作用，我們人類又是否完全掌握了呢？很多疑團，仍然未能獲得滿意的結果。

表面上看來，吸力是來自物體的中心點。在地球上，無論我們身處任何位置，帶有質量的物體，總是向著中心點下墜。

(圖 9.)

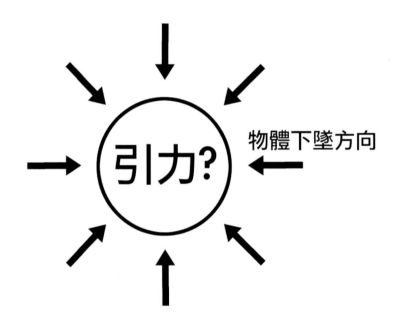

正是這種力量，持續不斷的作用力，最後形成我們的宇宙。

正是這種現象，讓我們總是認為當我們處在地球的東面，我們就向西面下墜，直到地球的中心，相反在地球的西面就會向東面下墜，直至地球的中心。即表示，在地球上，無論我們身處在任何位置、任何方向，總是向著地球的中心位置運動。

人的思維就是這樣，往往被我們自小就認識的現象 ，形成固有的現象，加上我們的學習，書本的傳授，就很容易形成一些固有的文化、意識。假設我們仍舊以這種思維模式持續的發展，我們就很難發現萬物的奧秘。因此，我們在可行的情況下，應該理性大膽的去思考我們未知的領域，這樣才能讓我們更有效的發現真相。

你可以先想像一天不再是二十四小時，太陽不是從東面升起，引力並不是引力，光並不發亮，宇宙沒有大小之分、沒有邊界，然後⋯⋯以你定立的方向，每一項，用你的智慧、細心、合理的解開一個又一個的迷團，你就會慢慢地看見它、發現它。

（2）拔河

(圖 10.)

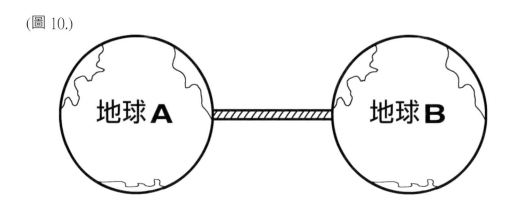

誰的力量大：均等

(圖 11.)

誰的力量大：地球 B 力量大

(圖 12.)

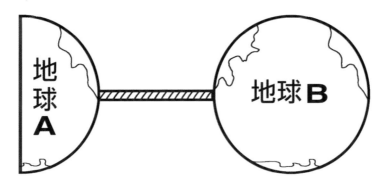

誰的力量大：地球 B 力量大

不難發現，地球 A 失去了她的一半體積，引力就會減半，換言之，地球失去的另一半，引力也應該被計算在內，也就是說：「當我們測量物體引力的時候，另外半徑的引力也應該計算在內」。

（3） 引力範圍

(圖 13.)

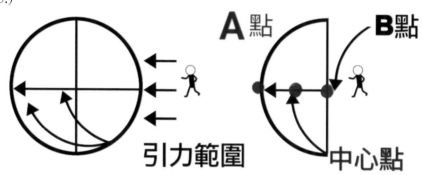

引力範圍應計算在直徑，而不是半徑，因為另一半範圍也是有效的。圖 13 的情況，地心位置改變，引力範圍是 B 點至 A 點。

(圖 14.)

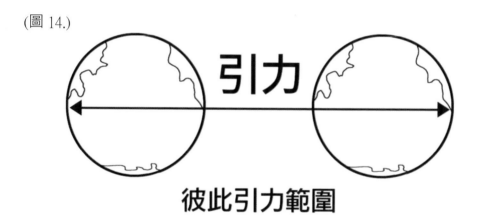

引力影響範圍不可以計算半徑，而是計算直徑，因為球體的另一半也是質量，有它的力量存在，計算引力的時候，不可以忽略另外一半的存在質量的作用力。

（4） 自由的地心

值得注意的是，原來地心的位置會因應球體的大小改變而隨時自由更改的。換言之，地心位置並不是那麼牢固永恆，也不是存在什麼神秘力量，而是可以隨著球體的形態轉變而更改，地心引力只是意識的定位而矣，並不是指地心存在引力，而其他位置沒有引力。

(圖 15.16.17.)

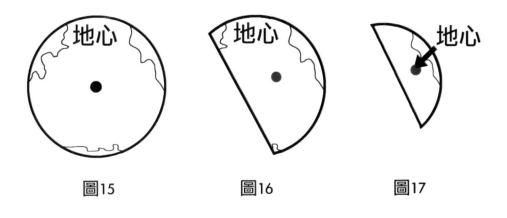

圖15　　　　圖16　　　　圖17

以圖 15、16、17 的表述，地心可以隨著地球的形態改動而改變，並無規限引力必然來自原來的核心位置。

（5）黑洞的力量

(圖 18.)

圖 18. 兩個黑洞會把人撕碎嗎？不會的！

(圖 19.)

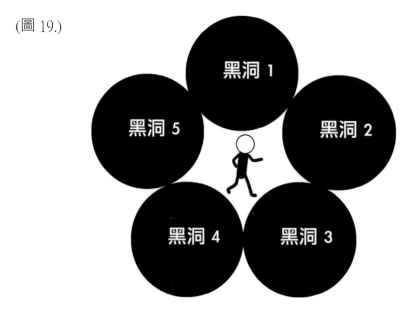

人會被黑洞撕碎嗎？不會！

(圖 20.)

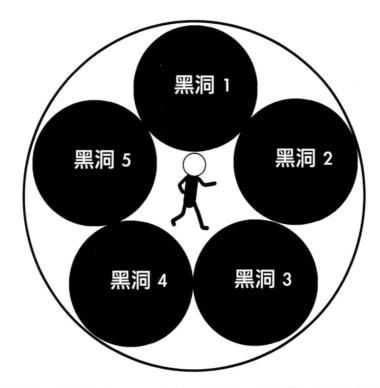

圖 20 的情況,已把黑洞 1 — 5 穿上一層外衣,也許這時候你會明白了。
黑洞 1 — 5 最接近人的位置(中心點),現在已變成一顆較大的黑洞的
核心位置了,給它們穿上一層外衣,你就更容易理解引力的方向已經改
變了,是由那層外衣往中心點拉扯去了,而站在中心點位置的人,現在
最大的威脅,不再是黑洞的巨大引力,而是來自外部的龐大壓力,這壓
力大得足以讓人變成一顆塵埃。

（6）安然無恙

讓我們再探討一下圖 20 的現象，為什麼在強大的黑洞引力下，人不會被撕碎？那人也明明被黑洞的引力包圍而安然無恙。除非，引力會選擇性地從外至內拉扯，而不會在核心內部發揮引力作用。

我們無法合理地解釋人在黑洞表面就會受到強大的引力影響，而換在圖 20 的情況，人又可以安然無恙，不被撕碎。

說到這裡，你是否已經有了一點頭緒，是否也開始對引力有了一些奇妙的看點，也許，你已經進入沉思當中……

（7）質量不帶重量

在太空裡，所有的物體是沒有重量的，包括我們可以立足的地球，物質的重量體現在物體從運動的狀態進入靜止的狀態。

物體從靜止的狀態，要進行加速，必先得到外力影響，以地球的重力為標準，取兩個各重 10kg 的球體進行加速結果怎樣？

球體 A 以 10km/h 撞擊球體 B，這時候球體 B 被加速，要把球體 B 從運動狀態回復靜止狀態，就只有利用球體 A 以同樣的速度從球體 B 的正前方撞擊，這時候球體 B 回復靜止狀態，但球體 A 的質量和速度增加或減少也會對球體 B 的速率構成影響。

(圖 21.)

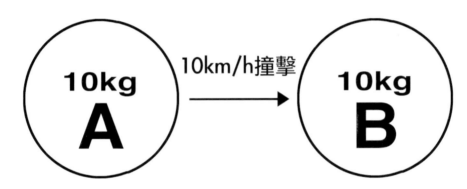

（8）重力的來源

在地球，要測量物體的重量，用一般的磅秤重就可以了，條件是磅和物體要以垂直方向，兩者也在靜止的狀態，就能準確的測量物體的重量。這秤重的過程，是體現在物體受到一種持續的力量牽引而產生的結果，最終的重量則取決於物體的質量和引力的大小而定，質量和引力越大，物體越重。而假設不採取上述方法去測量物體的重量，是得不到標準數

據的。例如磅和物體在持續的從上而下運動，是測量不到結果的，這時候的物體是沒有重量的，如果物體是人，你就會感受到失重的狀態，除非有外力把人牽引，停止下墜，這時候當人站在磅上面，就會得出重量的結果，這時候，人和磅是靜止的，而人無論在下墜狀態或靜止狀態，期間任何時候也受到引力的作用影響。

宇宙藍圖

第五章：
脫離速度

第五章：脫離速度

（1）加速度

我們知道，引力存在的另一個現象，就是脫離速度，不同質量的星體會對特定質量的物體產生不同的重力反應，例如物體在地球是 6kg，放在月球就只有 1kg。這是由於地球的質量比月球大的關係，質量越大的星體，它的脫離速度也越高。

脫離速度也就等同於自由落體的最終加速度，我們秤重的時候，加速度越高，物體的重量越重。要把一個自由落體從運動狀態，轉為靜止狀態，要隨著加速度越高，相應的反作用力也要越大，就像直昇飛機在月球質量的星體飛行時，它要停留在空中的作用力，只需地球的六分之一

我們也知道，物體的下墜速度，不在於物體的質量的大小。兩種物質例如鐵球和羽毛的比較，在真空的狀態下，是以等速墜落地面。

我們也知道，黑洞是質量極大的星體，大至把時空變得彎曲，把光也困住，逃脫不了。

我們也知道，在星體上只要物體的初始速度大於星體的脫離速度，就永遠脫離星體。

我們也知道，光是沒有質量的。而引力只能夠對於有質量的物體產生作用力，那為什麼擁有大質量的黑洞可以對沒有質量的光產生作用力呢？

（2） 自動加速的光

為了進一步證明光是沒有質量，我們作以下假設：——當黑洞的脫離速度達到光的速度 99%時，光在黑洞的表面傳播速度變得非常慢，只有正常光速的 1%。當黑洞的脫離速度減慢，光的速度會漸快。當黑洞的脫離速度減慢，相對光速加快時，光速由 1%慢慢上升至 10、20、50、100%時，光速也會在無任何條件之下，回復正常的光速向外傳播。值得注意的是，光速從1%至100%的過程中，在沒有獲得任何外力幫助的情況下，自動的恢復光的速度，這現象，值得我們深究。既然光是沒有質量，那光是從什麼角度、以什麼形式獲得加速呢？我們知道物體的加速先決條件是它本身必要有質量，沒有質量的物質，是得不到外力給予它的動能的。那既然光是沒有質量而又為什麼黑洞能夠牽制光的速度呢？理論上

黑洞是無法通過引力對光產生任何作用力的，因為光本身是完全不具備任何質量，那怕是半個原子、中子。

（3） 引力的質疑

我們也曾看見過　，光在大質量的星體經過時，會隨著扭曲的時空變得偏向星體，產生微量的彎曲，這現象，我們理解為光確實受到星體的引力影響。

從以上種種的表象，如星體間存在龐大的引力而不會彼此牽引而結合，黑洞不會撕碎人體、黑洞可以牽引不帶質量的光的結果表明，我們好像總是未能找到一個具有說服力的理由，讓我們更合理地相信以上的種種表象是由引力產生的。

前面說過，所有具有質量的物體，它本身是沒有重量的，小如塵埃、大如星體。要測量到它的重量，條件是秤和被秤量物體需要處於靜止狀態，例如當物體被星體吸引而從上而下墜落，在物體處於持續的墜落，是無法測量它的重量的，只有當秤和物體處於靜止狀態，重量就產生了。所以，靜止不動的物體，小如塵埃，大如星體，當它靜止不動在太空，是沒有重量的，就像我們看見在太空中的星體一般，它總是安靜的存在空間內，不向任何方向墜落。只有當大質量的星體靠近它時，對它產生

作用力，它才會靠向大質量星體移動，而要阻止它的移動，就只有釋出足夠大的相等於星體質量的移動速率相等值的力量才可把星體從運動狀態回復靜止狀態。而這個過程，只要我們在星體與星體之間透過磅秤量，重量就產生了。

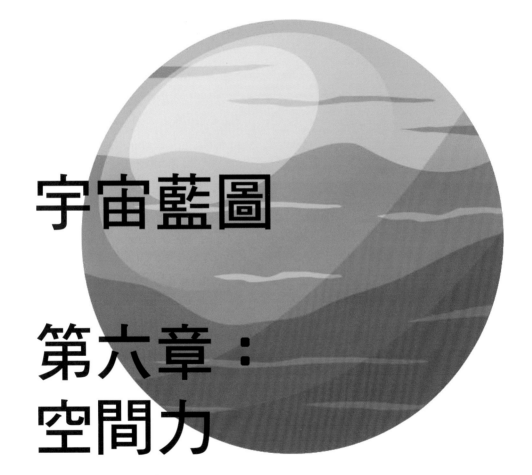

宇宙藍圖

第六章：
空間力

第六章：空間力

（1） 光的特性

既然物體是沒有重量，需要透過物體之間受力在靜止狀態下才能展現出重量，那麼光也是沒有重量，可是當它被大質量星體吸引的時候，與帶有質量的物體展現出同樣的反應，就是被大質量星體吸引、靠近、墜落。唯一不同的是，光沒有質量，測不出重量。

前面提到光被大質量的星體吸引的時候，當光的速度受到引力影響而減速至光的1%時，光仍然保持光速的1%遠離星體，當星體引力逐漸減弱，光也隨之加速，直至星體的引力完全消失，光的速度會回復原來正常速度，與帶有質量的物體不同，由於具有質量的物體，它的動能己受到引力影響而減弱，要增加它的速度，必須施加外力把它加速，否則被減慢的速度，物體本身是不可能在未吸收動能（外力）的情況下自動加速。

（2） 從不減速的光

光還有一個特性，當光被星體吸引的時候，它的速度其實從未減慢。即使光的速度被星體減慢到正常光速的 1%，這時候實際的光速仍然保持在正常速度水平。光的表面速度減慢了，只是由於星體的脫離速度所致。所以光在擺脫星體的引力後，會回復正常光速傳播。實際上光速從來沒有減慢，仍然保持一致水平，一秒鐘三十萬公里。

正是由於上述光的特性，它不受引力影響，從而增加或減慢光的速度的表象可得知，整個過程，引力從來沒有對於光產生任何作用力。可是，光卻又確確實實受到星體的影響而減慢了速度。這是非常矛盾的現象。

（3） 宇宙最大的力量

那麼唯一的理由就只有是星體的質量總和對空間產生作用，令空間向星體內部流動聚攏，星體質量越大，空間流動速度越快。這種力稱作：「空間力」。

空間力的原理是由於任何帶有質量的星體，原理上是佔據了一定空間，把空間佔據了並趕出質量範圍，空間為了填補這一空缺，會持續的進行填補，但由於空間本身不帶質量，在持續不斷的填補空缺同時物體的質量不會因此增加。而在這個循環往復的填補過程中，外來的帶質量的物體被帶動，到了星體的表面範圍並靜止不動，重量就產生了。

這樣的理解，我們就明白了為什麼人在黑洞兩者之間或在黑洞的正中央，人不會被撕碎，為什麼星體之間不會被彼此龐大的引力吸引而結合，為什麼物體本身沒有重量，而是停留在空間不往任何方向移動，為什麼物體的速度大於星體的脫離速度就可以無須持續施加外力而永遠脫離星體的引力束縛，（引力論說不能解釋為何當物體初速度大於星體的脫離速度就可以不用持續的施加外力而永遠脫離星體。但是物體的初始速度在大於星體的脫離速度後，也會持續的受到星體的引力作用，理應會在未能持續的增加外力的情況下，而持續的減速，最後墜落星體表面。而相反空間力就是能夠讓物體在大於星體的脫離速度後，在未有持續的施

加外力的情況下可以永遠脫離星體，因為，星體沒有引力）。為什麼光不帶質量而又被星體吸引，為什麼星體吸引了光減慢了光的速度後，當星體引力完全消失，光又自動回復原來的光的速度……

空間力——就是宇宙中最大的力，它就是促成我們可見宇宙的重要的組成部分。

(圖 22.)

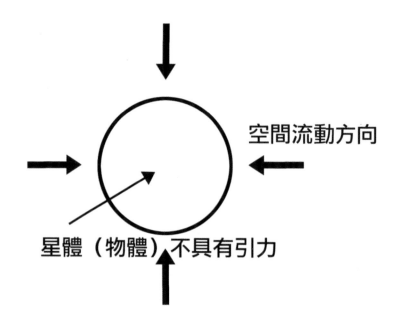

宇宙藍圖

第七章：
宇宙大爆炸

第七章：宇宙大爆炸

（1） 不成立的宇宙大爆炸

關於這個理論，我也不想花費你們寶貴的時間去進行討論了 ，在我的立場，是否定的，宇宙大爆炸從來並沒有發生⋯⋯

因為，假若宇宙大爆炸真的發生了 ，那麼今天我們無論處在任何位置，我們所能看見宇宙的情境將會是這樣的(圖 23)——

(圖 23.)

宇宙藍圖

這個大爆炸後數百億光年直徑的圓，外殼之內，是一個橫跨數百億光年直徑的巨大空間，與我們現實的宇宙觀測數據完全不符。

因此，宇宙大爆炸論說，不成立。

宇宙藍圖

第八章：
宇宙

第八章：宇宙

（1） 宇宙的定義

宇宙——宇是天地萬物，宙是空間，不存在時間。

（2） 不屬於宇宙的時間

時間是人類的工具，用於測量距離、速度的工具。時間是主觀的、客觀的、虛無的、實在的。但無論時間是屬於什麼樣的性質，在宇宙中，時間是不存在的，只有當一個文明的崛起，時間的意義才存在。

因此，現在的文明，理解為一天 24 小時，一年 365 天，一小時 60 分鐘，一分鐘 60 秒。當另一個文明崛起，到時候因應他所處的位置、距離太陽的遠近，自轉和公轉的不同而有所改變，就如外星文明一樣，從客觀的角度去衡量 ，他們的時間觀念理應和我們的有所不同，也許他們的居住地是雙太陽甚至三太陽，又或者沒有太陽，而他們的居住地的自轉

和公轉也不盡相同。因此在我們的文明上，時間是主觀的，全宇宙的時間，必須是客觀的，量及我們的文明相對於宇宙，時間是虛無的，但是在我們的國度，我們文明的存在，時間又是實在的。

當我們放開了時間，就剩下宇和宙了。

（3） 宇的定義

宇——代表天地萬物，萬物中包括生物、死物，你和我。我們是宇宙的一部分，但宇宙不是我們的一部分。因為，宇宙可以失去我們，而我們不會失去宇宙。因為，宇宙永恆的存在，而我們會生死更替。

因此，人和動物、死物也會有生死更替，所以會有開始、結束。而宇宙將永恆的存在，而沒有開始、終結。在宇宙的角度，萬事萬物，只是能量轉換，物易更替，物質永遠存在。就像人一般，借來宇宙的軀體，死後歸還宇宙，從出生到漸長，從數公斤到百公斤，吸收也不過是碳、氫、氧，死後歸還的又是碳、氫、氧，是一個無窮盡的循環，人類存在不存在，宇宙也永恆存在。

宇不是無限，宇所及之處，與彼此距離，形成實際大小。物質是有限的，不會無限創生。當物質走到那裡，形成一個圓，那裡，就是宇宙的盡頭了。

（4） 宙的定義

宙——是空間，宇宙中最大的力：「空間力」。沒有它，宇宙充滿混沌，了無生氣，有了它，宇宙秩序井然，生機處處。是它讓世界組織起來，團結起來，譜寫美麗的篇章。

宙沒有大小、距離，宙就是宙，意義上，沒有我們人類的思維，大、小、無限、有限。

就像宙，宙裡面沒有宇 （物質）它永遠也沒有所謂的空間大、小、有限、無限。只有當宇的存在，也就有了距離，物質與物質之間的距離，當物質的移動、擴散、延伸，就形成大、小的概念，既然是因為宇的存在而知道大小，而宇是有限的，因此宙也是有限的，宇有多大，宙有多大。

（5）宇宙的大小

當物質孤身一人存在於宙當中，沒有其他物質的情況下，那它就是宇宙，它體積有多大，宇宙就有多大，當它自己在加速，無論它最終加速到多快，運動多少年，它也是留在原地，一動不動。因為，它沒有參照物，沒有一個坐標，也沒有時間。這時候就是：「宇有多大，宙有多大」，宇是一公尺，宙就一公尺。你不用再問，這一公尺外，還有什麼？沒有了，一公尺外就是宙，而宙的以外再也沒有宇，那就沒有了距離、大、小、無限了。

當孤獨的宇，找到了另外一個宇，這時候就有了大、小、有限了。大、小是物質與物質的距離、距離越大，宇宙越大，但無論它的距離再大，也是有限的，因為，天地萬物在移動，而所有物質移動的特性是走曲線，而不是直線，最後形成一個圓形的軌跡，而這個圓，不論物質跑得多快，也是走曲線，最後又回到起點，循環往復，無一例外。

而宇宙中，宇的速度最快的，它的軌跡，就是宇宙的盡頭，因為它已經是最快了，也就是最遠了。而它的圓也並不是宇宙大小的圓，而是宇宙的圓的其中一個半徑大小。因為，宇宙是有一個主體的。

宇宙藍圖

第九章：
宇宙主體

第九章：宇宙主體

（1） 主體質量

宇宙的主體，它的大小，無法估量，它的質量，無法估量。只知道，它的質量，是它以外，全宇宙質量加起來還不到它的 10^{-100}

（2） 高速旋轉的主體

它位處全宇宙的中央，所有物質以它為中心在旋轉。它的自轉速度非常快，快得可以讓體內的物質擺脫強大的空間力，把物質甩出去，它的軸心方向不停轉變，更有秩序地不定時地把身體裡的物質從不同的方向甩出去，它的肚子時而脹大，時而縮小，它的表面漆黑一片，溫度不高，它的肚子裡因為受到極大的空間力，所有物質也被壓縮疊加而無法進行核聚變，而正好乘這個大好良機，物質得以休養生息、重組，等待最佳的時機，等到轉速夠高、肚子夠寬闊的時機（也就是它的離心力大於空間力的時候），拼力逃脫，離開主體，展開它漫長而多彩的旅程。

（3） 解除束縛的物質

從逃脫的一刻，離開主體的同時，物質擺脫了束縛，在瞬間分裂，膨脹並瞬速降溫，產生大量的分子雲和氣體往外擴張，待膨脹完畢，溫度降至接近絕對零度，分子開始聚集、結合，最終形成星體。這期間整體仍然保持極高速度以曲線擴張，最終經過數百億光年（達到宇宙主體的半徑）又以不同的形態展開返回旅程，最後回到宇宙的主體，休養生息，後又重新出發，展開漫長的旅程，循環往復。

這就是整個宇宙的整體結構，在宇宙的整體，沒有時間。

宇宙以外，並不廣闊，寬闊度是零、時間是零、沒有速度，沒有距離。

（4） 圓形的軌跡

物質從宇宙主體被拋出後，速度極快，很多時候比光速還要快。在成功脫離了空間力後，部分總體質量較小的分子雲在形成恆星以後，仍然保持比光速還快的速度遠離，部分總體質量較大的分子雲形成恆星以後，由於相互拉扯作用，速度會慢了下來，比光速要慢，但它的速度還是很可觀的。

物體的速度越快，造成宇宙主體的半徑越大，但無論它的速度多快，即使大於光速，物體也始終以圓形的軌跡環繞宇宙主體作運動，而這個圓形的軌跡，不是由於空間力所造成，而是因為物體本身帶有質量，物體在任何時候在單一方向前進的同時間會向另一個任何方向前進，甚至多於另一個方向前進，形成一個圓形軌跡。就如下圖：

(圖 24.)

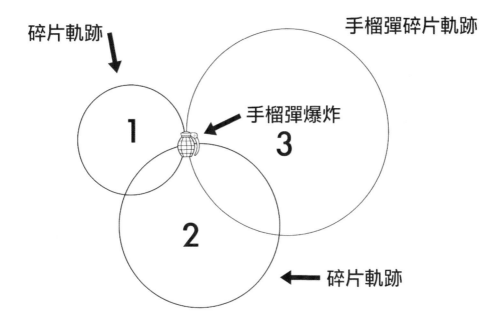

在真空沒有空間力的情況下引爆手榴彈，它所產生的碎片各自會以圓形的軌跡運動，最終會走回原點。碎片之間因應各自受力的不同程度，各自的圓形軌跡大小不盡相同。

(圖 25.)

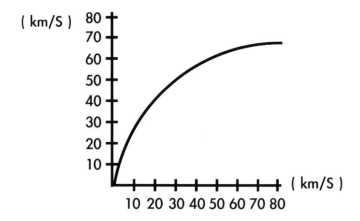

圖 25. 物體的軌跡 ：任何物體的運動軌跡，縱軸和橫軸速率會不盡相同，但無論兩者速率為何，物體均以圓形軌跡運動。

（5）星系中心

在分子雲形成恆星後，整體以最大質量的恆星作為中心點，其餘星體圍繞它旋轉，一般而言，星雲的整體質量也有大小，最終形成的恆星數量不盡相同，幸運的部分大質量的星系會捕獲其他星團而形成更大的星系，其中有些星系如我們的銀河系，它的直徑就有十萬光年，如它幸運的仍然可以再捕獲更多的星系，形成更大的星系。然而，在我們可見的宇宙，這些幸運的星系也為數不多的，因為彼此距離實在太大、太遠了，在茫茫寬廣的宇宙當中，要遇上另一個它，也不是一件容易的事情。但無論如何，我們總得要問，為什麼中心質量會那麼大，可以把遠至五萬光年甚至十萬光年的恆星牢牢的吸引住呢，沒錯，只要夠幸運，它幾乎是不受限制的把空間力延伸，能吞下一個，甚至多個星系。那麼這代表中心空間力可以無限延伸嗎？不然。

（6）鏈式星系

星系當中，最主要的力，故然是空間力，星系中心吸引附近的恆星，然後以"鏈式"的方式，把所有恆星吸引住，環環相扣、延伸。鏈式的意思就是一環扣一環，像鐵鏈一般，把牽引力延伸出去，最後形成星系。換句話說，星系的中心吸引的不是最遠的恆星，而是附近的恆星，然後一層一層從近至遠的重疊空間力把星體捕獲，形成星系，我們也不難發現，星系的越中心位置，恆星的數量、密度也越高。

(圖 26.)

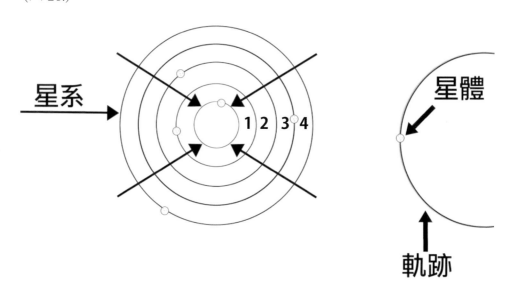

星系的空間力，從中心點往外延伸，從中心點起，密度最高，空間力也越大。越往星系邊緣延伸，密度越低、空間力也越小。

由中心點的空間力開始，漸次延伸到星系邊緣，圖 26.順次序由 1、2、3、4，期間空間力以順序 1 交疊 2 層級，2 交疊 3，3 交疊 4，依次延伸。若本星系幸運地捕獲其他星體，層級會增加如層級 5、6 等等，而這星系的外圍，其空間力早已不受中心點直接影響，而是間接的被牽引。

（7）星系中心空間力範圍

最好的說明：（1） 假設星系最外圍的層級 2、3、4，消失掉，只剩下空間力層級 1.而現在剛好有一顆恆星在層級 4 附近經過，這顆恆星不會被捕獲，即不受中心點的空間力影響，但相反如圖 26.中，星系完整的存在，恆星就會被捕獲。（2）假設星系的中心点不存在，這時候星系會即時擴散，依次序由層級 1.內的恆星向外圍擴散，然後到 2、3、4，最後直至星系解體擴散消失。當然這是假設的過程和結果，中心點和外圍的恆星相信永遠也不會無故消失的。

（8）星系中心與星體中心關係

這時的星系（圖 26.）也和（圖 11A.）的原理一樣，假設星系的半徑範圍像圖 11A.一般消失了，它的空間力會減少大約一半。但圖 26. 和圖 11 A 兩者不同的是星系的中心點的空間力是獨立於本體，質量不可改變。而恆星或行星的中心點可以隨時改變，如圖 15、16、17，中心點的引力只是意識上、形態上存在的引力，不具備獨立性，不存在獨立的引力源，而是可以根據本體形態改變而變動，星系中心的空間力非常大，而且獨立於本體，即使星系當中半徑範圍消失，中心點的空間力和中心位置不會改變。

因此，圖 26， 和圖 11A，的中心點，在意識上、形態上是兩種完全不同的概念。圖 26.星系的中心點空間力永遠不會改變，而一般恆星或行星的中心點是可以隨著本身形態改變而變動，因此恆星和行星的地心吸力或引力論是不存在，而是根據本體以直徑計算空間力，這個空間力的影響範圍，計算方法，適用於計算任何物體、任何天體。

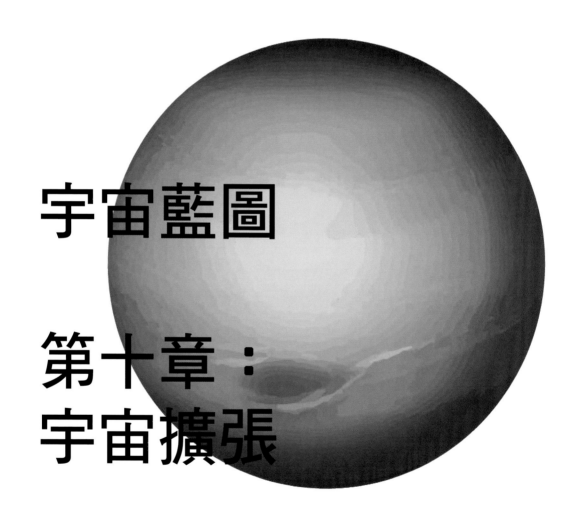

宇宙藍圖

第十章：
宇宙擴張

第十章：宇宙擴張

(圖 27.)

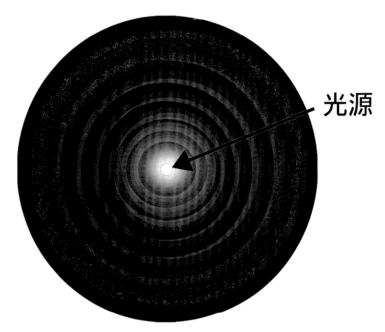

光源

（1） 衰減的力量

宇宙中，無論光、空間力、星系，都以同一種的方式擴張。擴張的最終結果是隨著持續的擴張，密度會減低。星系在遠離我們的同時，星系之間距離也隨之拉遠。星光一樣，隨著往外擴散，光也隨之不斷減弱。空間力也一樣，隨著距離中心越遠，空間力也越弱，這種衰減的弱，不是

光減弱了，也不是空間力減弱了。它們的能量本質、密度本質是沒有改變，而是由於隨著它們持續的遠離光源、遠離空間力中心點而向更大更寬的空間擴張，彼此間密度不斷減少的表現。

（2） 分散的力量

圖 27.就如光一般，從光源位置向外傳播，與光源距離越遠，光綫越弱，這個弱，不是光的能量減弱了，而是光分散了，它的能量本質沒有改變或衰減，就如圖 27.假設它最外圍距離光源有 10 億光年，只要我們有足夠大的物體包圍著光源，形成一個圓形外殼，我們也能夠捕獲這個星光的總能量。而相反我們站在這個圓形的空間任何一個點，只能捕獲光源總能量的數萬萬萬萬億分之一的光能，因此我們不會被灼傷或不足以照亮我們漆黑的道路。假如我們距離星光足夠遠(即距離光源的圓形外圍)，達到 200 億、300 億光年距離，也許到時候我們再也不能發現它的存在了，因為，這個光已經分散到可能每平方寸只有 1 的餘光，然後距離再遠，每平方尺只有 1 的餘光，然後……再也看不見它了。也許你會明白另外一個觀點，光或物體在宇宙當中，是無限延伸、擴張的？没錯，確是這樣，那代表空間是無限大的？

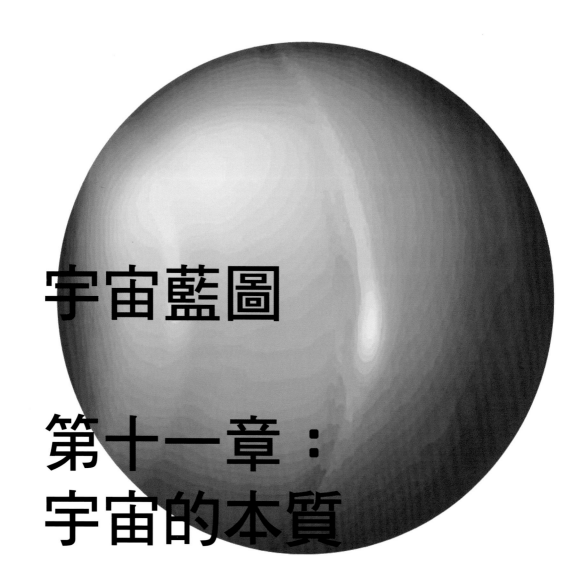

宇宙藍圖

第十一章：
宇宙的本質

第十一章：宇宙的本質

（1） 宇和宙的關係

前面談到，在宙當中，沒有時間，沒有質量，沒有距離。只有在宇當中，有人類的文明，才有時間。有了距離，才有大、小之分，才有有限、無限論述。換句話說：——宇有多大，宙有多大。只有宇能夠讓我們腳踏實地，彼此定位、參照，時間的量度，才有了大、小、距離的概念。

在宙當中，什麼也沒有，因此不能把理解宇的思維套在理解宙的思維中，宇和宙是兩種概念，只有宇的存在，才有大小、有限、無限。

宇宙中，沒有宇，就什麼也不存在，包括大小、無限、有限、距離、時間……

如果宙當中，只有一台太空梭，無論它向任何方向，以任何速度加速，無論歷經多少年，太空梭也是處在原點，再跑一萬年，它也找不到宙的邊緣。太空梭相對於宙的觀點，它只是存在宙的一個角落，一個點，無論它往任何方向加速，也是一個點。

在宇當中，我們有參照物，可對比，加上時間，就可知道宇宙的大小，物質的大小、距離，什麼是有限。在宇當中，沒有東西是無限的，包括它的大小。在宇當中，沒有開始，沒有終結，是一個循環。

在宙當中，也沒有無限，只有「無」，無時間、無距離、無大小、無有限、無無限，無上、下、無左、右，空無一物。

（2） 永恆的宇宙 動與靜之間

宇宙萬物，在不停的、持續的以曲線運動，也同時間靜止不動。是的，只有持續的運動，才有了我們可見的宇宙，萬物在循環往復。而處在星球上，地面的高樓、路旁的汽車、一座山、一個正在睡眠的人，是靜止不動的，這動與靜之間，不存在矛與盾的關係，兩個概念是獨立而同時存在，就如我們可見的宇宙，萬物在動，但如果我們在這個可見的宇宙最外圍，添上一層不透光的外衣，你就會看見它是不動的，你跑進去這層外衣內看它，它就是動的。

(圖 28.)

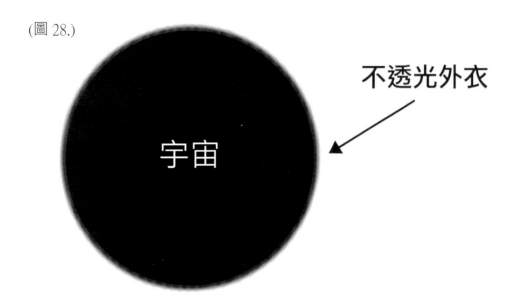

宇宙：永恆靜止，永恆運動。

宇宙藍圖：後語

後語

宇宙——就是那樣神秘多彩、莫測高深。

我很榮幸為你們帶來了來自宇宙的部分信息，也許能讓你們耳目一新，也許對你們沒有半點裨益。我不能了解你們每一位，因此你們也不能完全了解我，和我的宇宙觀。

我一直祈望，通過這個媒介向你們每一位講解我對於宇宙的看法，我也深知無論我用再多的言語，花你們再多的時間，也不能為你們帶來更多、更全面、更準確的，關於宇宙的信息。我只期望透過這本書，能為你們帶來一點啟示，讓我們每一位對於宇宙充滿好奇心的人能夠掌握一顆種子，讓它在某一天能夠開花結果。

值得高興的是，如果我的預判沒有失誤，宇宙是有限的。那麼，我們可以有一個美好的預期，終究有一天，我們可以完全了解關於宇宙的密碼！如果要實現這一天，在座的每一位，也有可能是解開這個迷思的其中一位使者。一生人，那怕只是解開一個關於宇宙的秘密，也足以加速人類發展的步伐，為人類文明創造良好的條件。

我真切的希望你們在閱讀完這本書後，能為你帶來一點新的看法，也希望你們把這些發現和我一樣，把這些觀點告訴大家。總而言之，不要讓我們追求科技文明創新的步伐停下來。

假如在將來的一天，你站出來向我們闡述我們對於宇宙的一些理解失誤了，我會非常高興，因為，在探索宇宙科技秘密的過程中，我們不計較得失，只有我們一起共同努力，人類的文明、科技創新，才得以長足發展。讓我們一起攜手合作，共創未來，為全人類共同展開新的篇章。

29-06-2023

李少志 筆

書　　　　名	宇宙藍圖
作　　　　者	李少志
出　　　　版	超媒體出版有限公司
地　　　　址	荃灣柴灣角街 34-36 號萬達來工業中心 21 樓 2 室
出版計劃查詢	(852)3596 4296
電　　　　郵	info@easy-publish.org
網　　　　址	http://www.easy-publish.org
香 港 總 經 銷	聯合新零售 (香港) 有限公司
出 版 日 期	2023 年 9 月
圖 書 分 類	流行讀物
國 際 書 號	978-988-8839-27-8
定　　　　價	HK$128